AKADEMIE DER WISSENSCHAFTEN UND DER LITERATUR

ABHANDLUNGEN DER
MATHEMATISCH-NATURWISSENSCHAFTLICHEN KLASSE
JAHRGANG 1984 · Nr. 3

Rezente Temperaturtrends in der Bundesrepublik Deutschland

von

PETER FRANKENBERG

Mit 17 Abbildungen und 1 Tabelle

AKADEMIE DER WISSENSCHAFTEN UND DER LITERATUR · MAINZ
FRANZ STEINER VERLAG WIESBADEN GMBH · STUTTGART

Gefördert durch das Bundesministerium für Forschung und Technologie, Bonn
und das Ministerium für Wissenschaft und Forschung
des Landes Nordrhein-Westfalen, Düsseldorf

Vorgelegt von Hrn. Lauer in der Plenarsitzung am 5. November 1983,
zum Druck genehmigt am selben Tage, ausgegeben am 4. Juli 1984

CIP-Kurztitelaufnahme der Deutschen Bibliothek

Frankenberg, Peter:
Rezente Temperaturtrends in der Bundesrepublik
Deutschland / von Peter Frankenberg. Akad. d. Wiss.
u.d. Literatur, Mainz. – Wiesbaden : Steiner, 1984.
  (Abhandlungen der Mathematisch-naturwissenschaft-
lichen Klasse / Akad. d. Wiss. u.d. Literatur ;
Jg. 1984, Nr. 3)
ISBN 3-515-04307-1

NE: Akademie der Wissenschaften und der Literatur
⟨Mainz⟩ / Mathematisch-naturwissenschaftliche
Klasse: Abhandlungen der Mathematisch-naturwissen-
schaftlichen...

© 1984 by Akademie der Wissenschaften und der Literatur, Mainz
Satz und Druck: Schwetzinger Verlagsdruckerei GmbH, Schwetzingen
Printed in Germany

Einführung

Probleme, die durch eine Belastung unserer Luft mit Rückständen der Industrieproduktion und des modernen Massenverkehrs entstehen, füllen in den letzten Jahren vermehrt die Zeilen der Journale. Dabei wird der Belastung der Luft durch CO_2 hinsichtlich ihrer Auswirkung auf das Klima – gerade auch der Zukunft – ein besonderer Stellenwert eingeräumt. Lag im Jahre 1959 im Bereich des Mauna Loa (Hawaii) der CO_2-Anteil an Luft bei noch 313 ppmv, so war er bis 1975 bereits auf 327 ppmv angestiegen. Für das Jahr 2000 kann ein Anteil von 400 ppmv erwartet werden (Kellogg, 1980). Die Steigerung des CO_2-Gehaltes der Luft hat theoretisch eine Temperaturerhöhung zur Folge, die bis zum Jahre 2000 global 1 °C betragen könnte (vgl. Lockwood, 1981).

Dem nahezu linearen Anstieg des CO_2-Gehaltes der Atmosphäre seit Beginn der Industrialisierung steht eine wesentlich differenziertere Temperaturentwicklung gegenüber. Gemittelt über die gesamte Nordhemisphäre zeigten sich zwischen 1880 und 1940 tatsächlich stetig steigende Temperaturen, wie sie nach dem Anstieg des CO_2-Gehaltes erwartet werden konnten. Seitdem ist jedoch ein Absinken der Temperaturen konstatiert worden, das zu dem CO_2-Trend invers verläuft (vgl. Mitchell, 1976; Miles, 1978 und Lamb, 1977). Die Südhalbkugel erweist jedoch bereits seit dem Ende der 60er Jahre wieder ansteigende Temperaturen (Lamb, 1977). Der negative Temperaturtrend auf der Nordhalbkugel nach 1940 war überdies stark regionalisiert. Westeuropa betraf eine Temperaturregression, Osteuropa hingegen ein Anstieg des Temperaturniveaus (Lamb, 1977). Derzeit scheint auf der Nordhalbkugel der negative Temperaturtrend gestoppt (vgl. u.a. Brinkmann, 1976). Damit koinzidiert eine „Temperaturtrendwende" über dem Nordatlantik (vgl. Teich, 1978).

Es fehlt nicht an globalen oder hemisphärischen Studien zur Temperaturentwicklung der letzten Jahrzehnte. Es mangelt jedoch an kleinräumigeren, regional differenzierten Untersuchungen, die zudem nicht Jahrestrends, sondern jahreszeitlich differenzierte Temperaturentwicklungen betrachten. Bereits im Jahre 1948 hatte Damman eine nach Jahreszeiten differenzierte Analyse der Klimaschwankungen in Mitteleuropa für die Periode 1881 bis 1930 vorgelegt, in der er unter anderem eine Abnahme der winterlichen Kälteperioden feststellte.

Die vorliegende Studie versucht, über einen besonders aussagekräftigen Zeitraum (1959–1978) der jüngeren Klimaentwicklung eine jahreszeitlich (auf Monatsbasis) und regional differenzierte Darstellung der Temperaturtendenzen im Raume der Bundesrepublik Deutschland zu geben. Sie geht davon aus, daß selbst in einem so kleinen Raume – wie in der Bundesrepublik Deutschland – Temperaturtrends nicht einheitlich verlaufen und daß sich in den einzelnen Monaten des Jahresablaufs durchaus sehr differenzierte Temperaturentwicklungen zeigen können.

Der gewählte Untersuchungszeitraum von 1959 bis 1978 liegt nach der sogenannten säkularen Klimawende (1940–1953), bis zu der im allgemeinen die Temperaturen angestiegen waren. Er betrifft einen Zeitraum, in dem im nordhemisphärischen Mittel die Temperaturen abgesunken sind. Inwieweit diese Temperaturreduktion auch den Raum des Bundesgebietes betroffen hat, in welchen Monaten sie ausgeprägt war und wo sie zu konstatieren gewesen ist – wenn sie sich überhaupt für das Bundesgebiet nachweisen läßt –, soll in der vorliegenden Studie erhellt werden.

Datenmaterial

Zur Prüfung regional und jahreszeitlich (nach Monaten) differenzierter Temperaturtrends im Raume der Bundesrepublik Deutschland über den Zeitraum von 1959 bis 1978 wurden für 52 gleichmäßig über den Untersuchungsraum gestreute Klimastationen (vgl. Legende zu Abb. 3) die Monatsmittelwerte der Temperaturen (°C) der Einzeljahre den Meteorologischen Jahrbüchern der Bundesrepublik Deutschland entnommen. Die Temperaturzeitreihen der 52 Klimastationen über 20 Jahre können für die einzelnen Monate als homogen angesehen werden. Es wurden nämlich nur solche Klimastationen berücksichtigt, deren Erhebungen nicht unterbrochen worden sind und die im Verlaufe der Beobachtungsperiode nicht wesentlich verlegt wurden. Die Lage der Klimastationen im Untersuchungsraum garantiert eine repräsentative Raumerfassung in seiner topographischen Differenziertheit.

Die Temperaturtrends

Anhand der Beispielstation Frankfurt (Feldbergstraße) zeigt die Abb. 1 die Temperaturzeitreihen der Einzelmonate von 1959 bis 1978. Es fällt zum Beispiel die besonders ausgeprägte negative Temperaturanomalie der Wintermonate des Jahres 1963 ins Auge oder der besonders warme August des Sommers 1976. Irgendwelche Temperaturtrends sind rein optisch nur schwer auszumachen. Es wird aber deutlich, daß die Temperaturfluktuationen von Jahr zu Jahr in den einzelnen Monaten sehr unterschiedlich gewesen sind und daß damit eine Mittelung von Trends über das Jahr oder auch nur über Jahreszeiten Wesentliches maskieren würde. Die Korrelation der einzelnen Temperaturzeitreihen der Klimastation Frankfurt macht dies noch deutlicher (vgl. Abb. 2). Vielfach zeigen sich sogar negative Korrelationen zwischen den einzelnen Monatszeitreihen. Auf dem 5%-Niveau der Irrtumswahrscheinlichkeit signifikant positive Korrelationen bestehen zwischen den Temperaturzeitreihen von Februar und Dezember, Mai–Juli sowie August–September. Eine auf dem 10%-Niveau der Irrtumswahrscheinlichkeit negative Korrelation resultiert zwischen Januar und November.

Zur Erarbeitung der regional und monatsweise differenzierten Temperaturtrends im Raume der Bundesrepublik Deutschland wurden die 20jährigen Temperaturzeitreihen der Monate Januar bis Dezember jeder der ausgewählten 52 Klimastationen einer linearen Regressions- und Korrelationsanalyse unterzogen. Es wird also nach eventuellen linearen Temperaturtrends zwischen 1959 und 1978 gesucht. In einem zweiten Schritt der Analyse wurden Monate ähnlicher Temperaturtrends mit Hilfe einer Hauptkomponentenanalyse integriert und die Ausprägung der regionalen Strukturen dieser Faktoren dargestellt.

Relativ wahrscheinliche Temperaturtrends der einzelnen Monate über den Zeitraum von 1959 bis 1978 sind für die 52 Klimastationen des Untersuchungsraumes in der Abb. 3 zusammengestellt worden. Der Januar erweist bei einem Großteil der Klimastationen positive lineare Temperaturtrends mit Irrtumswahrscheinlichkeiten ≤ 10%. Bei den im Süden des Bundesgebietes gelegenen Klimastationen unterschreitet die Irrtumswahrscheinlichkeit des positiven Januar-Temperaturtrends die 5%-Marke. Februar und März zeigen keine signifikanten Temperaturveränderungen zwischen 1959

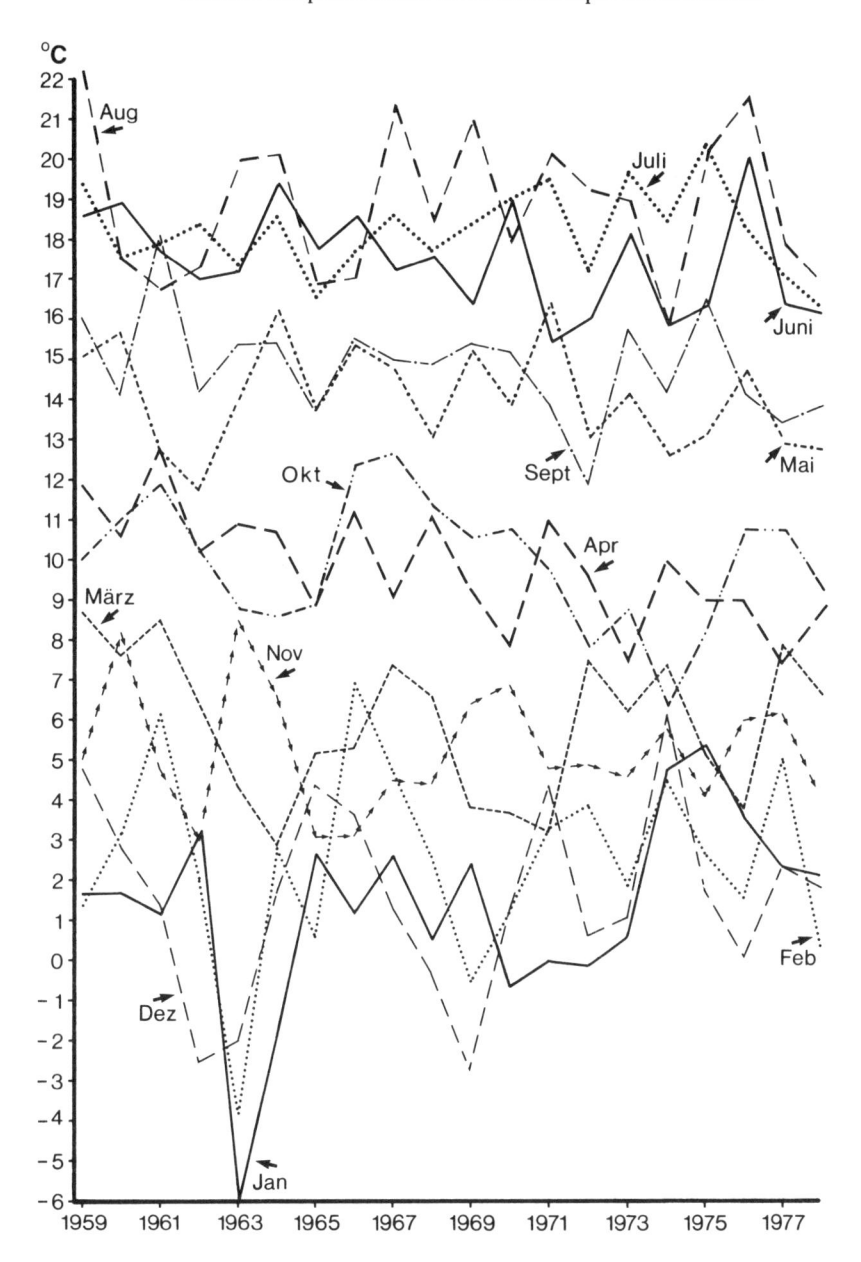

Abb. 1. Temperaturzeitreihen von Frankfurt (Feldbergstraße) für die Monate Januar bis Dezember 1959–1978

und 1978 auf. Am deutlichsten hat sich dagegen im Sinne des linearen Modells die Apriltemperatur verändert. Nahezu alle Klimastationen erweisen einen linearen negativen Temperaturtrend dieses Übergangsmonats von Winter- zu Sommerhalbjahr mit Irrtumswahrscheinlichkeiten $\leq 5\%$. Der Mehrzahl der Klimastationen eignet sogar eine Irrtumswahrscheinlichkeit $\leq 1\%$. Damit wird offenkundig, daß im Raume der Bundesrepublik Deutschland die Apriltemperatur zwischen 1959 und 1978 über nahezu alle Klimastationen des Untersuchungsraumes in einem linearen Sinne zurückgegangen ist. Eine regionale Differenzierung dieses markanten Temperaturtrends wird weiter unten gegeben werden. Bis auf August und September erweisen die übrigen Monate des Jahres keine linearen Temperaturveränderungen zwischen 1959 und 1978 mit Wahrscheinlichkeiten $\leq 90\%$. Einige norddeutsche Klimastationen kennzeichnet ein positiver Trend der Augusttemperaturen, einige Klimastationen des Rhein-Main-Gebietes ein negativlinearer Temperaturtrend des Übergangsmonats September.

Es stellt sich die Frage, ob diese Trends nur für die Beobachtungsperiode 1959 bis 1978 gelten oder ob sie sich auch in längeren Zeitreihen erweisen.

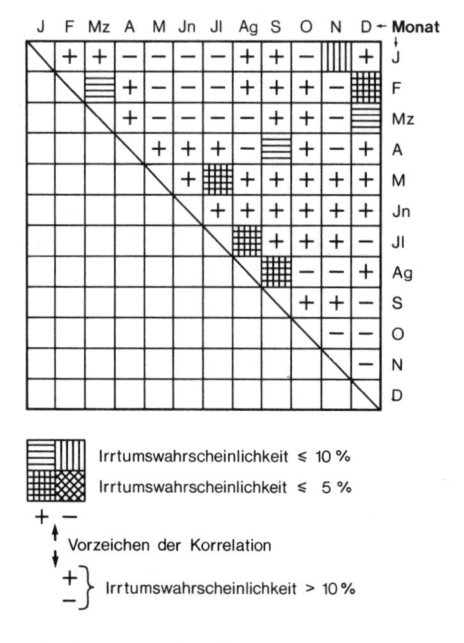

Abb. 2. Korrelationsdiagramm der Beziehungen der Temperaturzeitreihen von Januar bis Dezember 1959–1978 der Klimastation Frankfurt (Feldbergstraße)

Rezente Temperaturtrends in der Bundesrepublik Deutschland

Korr.	IW
−	≤ 0,1 %
−	≤ 5 %
−	≤ 10 %
+	≤ 5 %
+	≤ 10 %
±	> 10 %

IW = Irrtumswahrscheinlichkeit
Korr. = Vorzeichen der Korrelation

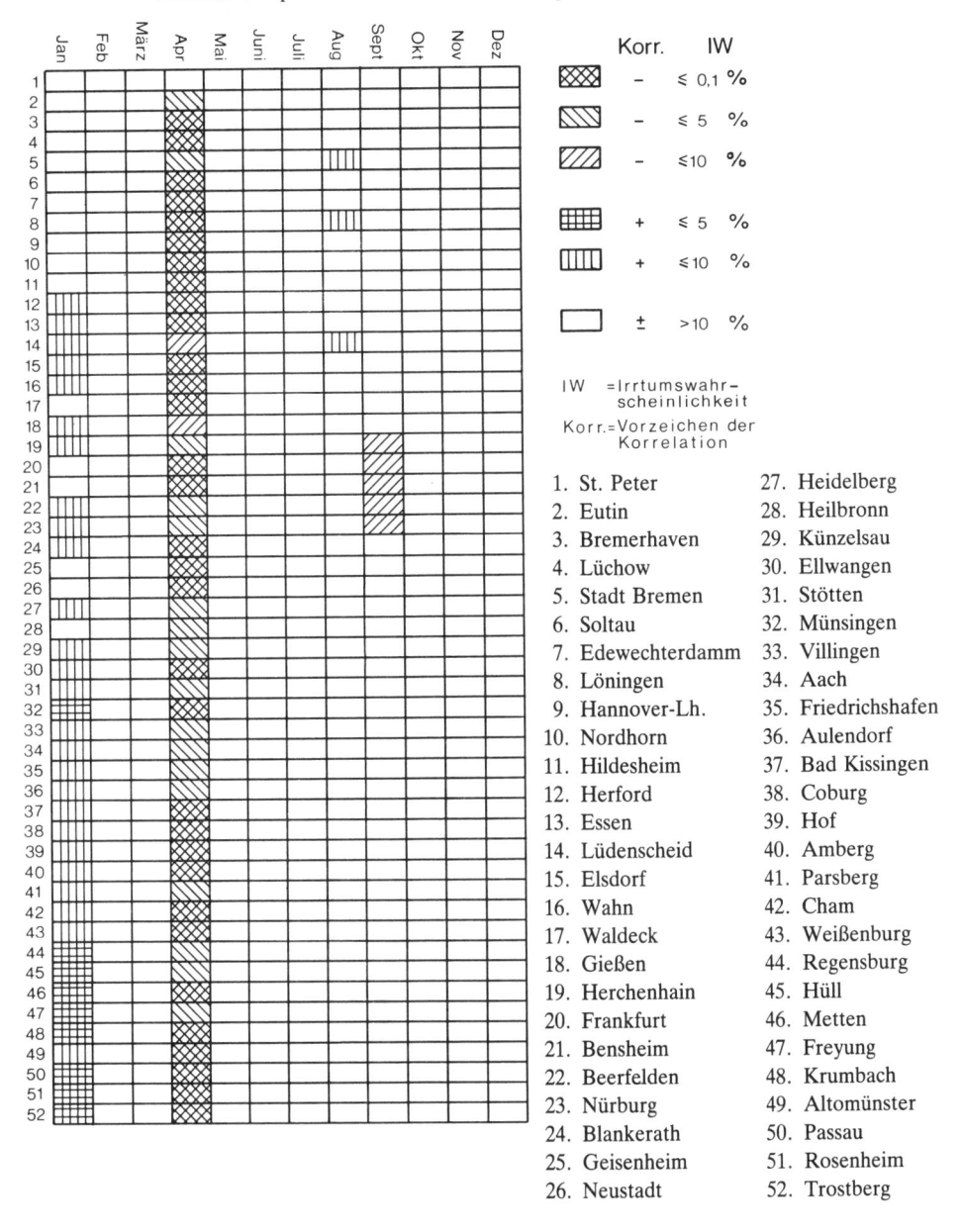

1. St. Peter
2. Eutin
3. Bremerhaven
4. Lüchow
5. Stadt Bremen
6. Soltau
7. Edewechterdamm
8. Löningen
9. Hannover-Lh.
10. Nordhorn
11. Hildesheim
12. Herford
13. Essen
14. Lüdenscheid
15. Elsdorf
16. Wahn
17. Waldeck
18. Gießen
19. Herchenhain
20. Frankfurt
21. Bensheim
22. Beerfelden
23. Nürburg
24. Blankerath
25. Geisenheim
26. Neustadt
27. Heidelberg
28. Heilbronn
29. Künzelsau
30. Ellwangen
31. Stötten
32. Münsingen
33. Villingen
34. Aach
35. Friedrichshafen
36. Aulendorf
37. Bad Kissingen
38. Coburg
39. Hof
40. Amberg
41. Parsberg
42. Cham
43. Weißenburg
44. Regensburg
45. Hüll
46. Metten
47. Freyung
48. Krumbach
49. Altomünster
50. Passau
51. Rosenheim
52. Trostberg

Abb. 3. Temperaturtrends (Irrtumswahrscheinlichkeit < 10%) der Monate Januar bis Dezember über den Zeitraum 1959–1978 für 52 Klimastationen der Bundesrepublik Deutschland (zu den Ziffern siehe Auflistung der Klimastationen zu Abb. 3)

Dies wurde für die Klimastation des ausgeprägtesten positiven Trends der Januartemperaturen sowie die entsprechende Klimastation des ausgeprägtesten negativen Trends der Apriltemperaturen überprüft, nämlich für Passau und Frankfurt. Die Abb. 4 zeigt die Temperaturzeitreihe des Januar von Passau (Kachlet) zwischen 1945 und 1978, also über 34 Jahre. Das fünfjähriggleitende Mittel macht zwei getrennte Trends wahrscheinlich. Von 1950 bis 1963 erweist sich in Passau eine negative Tendenz der Januartemperaturen. Danach sind bis 1978 die Januartemperaturen kontinuierlich angestiegen. Insgesamt erweist sich zwar ein noch positiver Trend der Januartemperaturen zwischen 1945 und 1978 sowohl der Einzelwerte als auch der Werte des gleitenden Durchschnitts; der Korrelationskoeffizient liegt jedoch weit unter dem für den Zeitraum von 1959 bis 1978 berechneten Wert. Die Temperaturwerte des fünfjährigen gleitenden Durchschnitts ab 1960 erweisen mit einem Korrelationskoeffizienten von 0,954 dagegen einen extrem signifikanten positiven linearen Trend der Januartemperaturen von Passau seit dem Beginn der 60er Jahre. Im unteren Teil der Abbildung sind die fünfjähriggleitenden Korrelationskoeffizienten von Januartemperatur und Zeit abge-

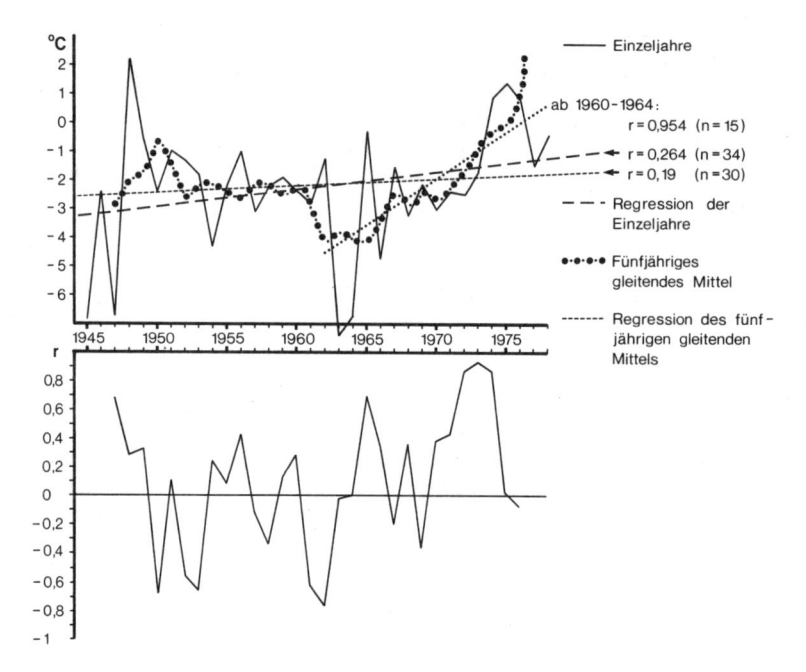

Abb. 4. Zeitreihe der Januartemperaturen von Passau-Kachlet über 34 Jahre, fünfjähriges gleitendes Mittel dieser Zeitreihe, Trends dieser Zeitreihe (oben) sowie fünfjährig gleitende Korrelationskoeffizienten von Januartemperatur und Zeit (unten)

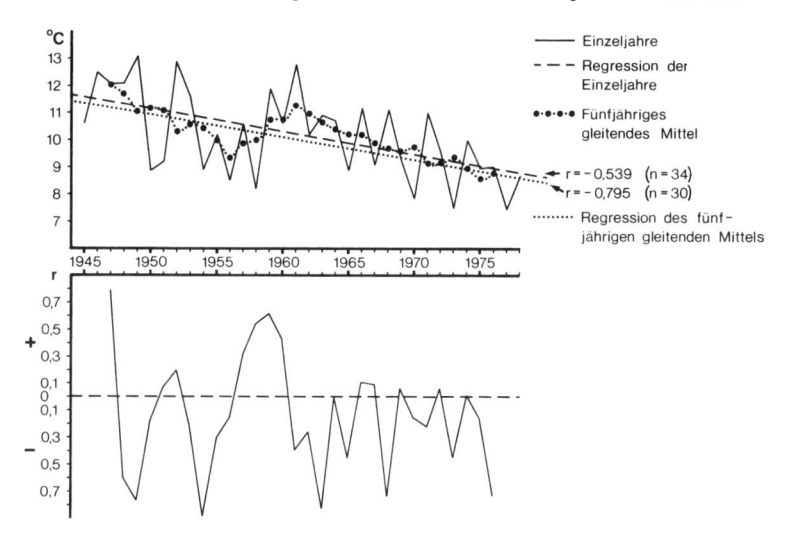

Abb. 5. Zeitreihe der Apriltemperaturen von Frankfurt (Feldbergstr.) über 34 Jahre, fünfjähriges gleitendes Mittel dieser Zeitreihe, Trends dieser Zeitreihe (oben) sowie fünfjährig gleitende Korrelationskoeffizienten von Apriltemperatur und Zeit (unten)

tragen. Nach 1947 zeigt sich danach noch eine positive Tendenz der Januartemperaturen der Fünfjahresabschnitte. Bis 1954 folgen dann eher negative Trends wie auch zu Ende der fünfziger Jahre und zu Beginn der 60er Jahre. Seitdem überwiegen in den Fünfjahresabschnitten positive Korrelationskoeffizienten, am markantesten zu Beginn der 70er Jahre.

Die 34 Jahre umfassende Zeitreihe der Apriltemperaturen von Frankfurt Feldbergstraße (1945 von Darmstadt übertragen) (vgl. Abb. 5) zeigt im Gang des fünfjährig-gleitenden Mittels im großen und ganzen eine durchgehend abnehmende Tendenz der Apriltemperaturen seit 1947. Es erweisen sich dennoch zwei untergeordnete Tendenzwenden: Ein erster Tiefpunkt der Apriltemperaturen trat zur Mitte der 50er Jahre auf, ihm folgte bis zum Beginn der 60er Jahre eine gewisse Erholung der Apriltemperaturen und danach das kontinuierliche Absinken des April-Temperaturniveaus. Insgesamt resultiert jedoch über die gesamte Zeitreihe ein hochsignifikant gesicherter negativer Trend der Apriltemperaturen von Frankfurt.

Noch markanter erweist sich diese Beobachtung bei der Trendberechnung über die fünfjährig-gleitenden Mittelwerte ($r = -0{,}795$ bei 30 Wertepaaren). Danach ist das zunächst zwischen 1959 und 1978 konstatierte Absinken der Apriltemperaturen im Raume der Bundesrepublik Deutschland ein Phänomen, das zumindest seit der sogenannten säkularen Klimawende Ende der

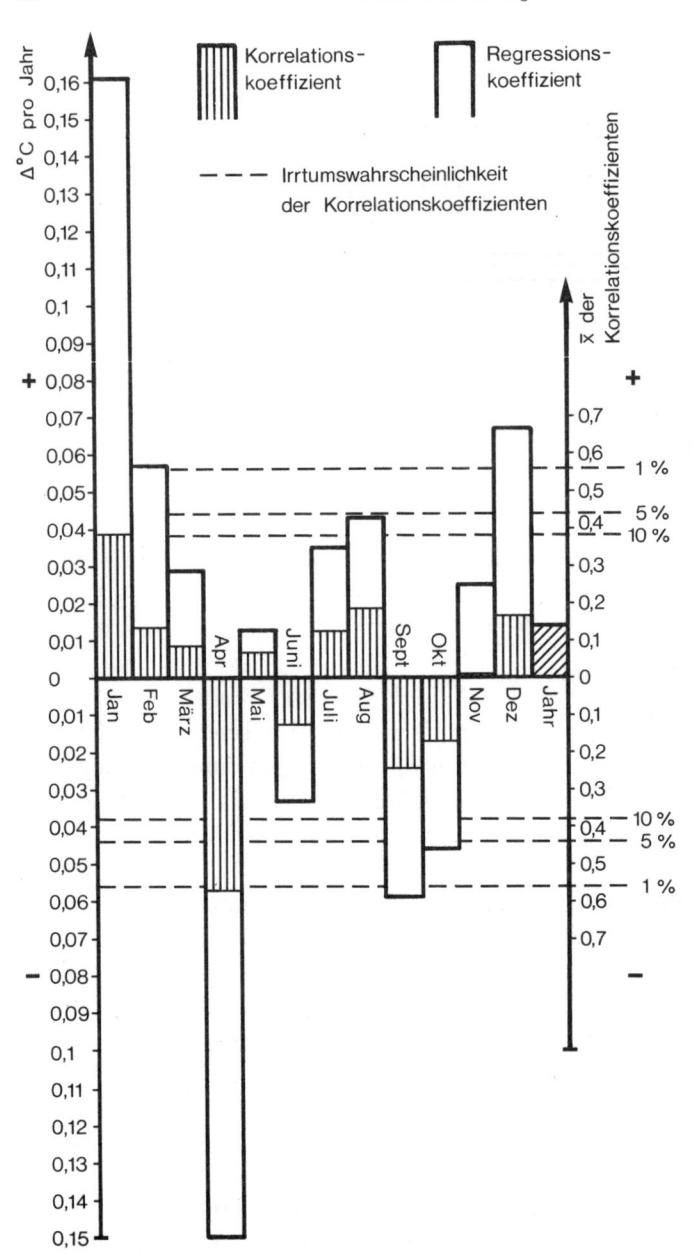

Abb. 6. Regional gemittelter Jahresgang der Temperaturtrends der Periode 1959–1978 / Mittlere Regressions- und Korrelationskoeffizienten der Beziehung von Monatsmitteltemperatur und Zeit der Monate Januar bis Dezember (Periode 1959–1978) (r = Korrelationskoeffizient)

40er Jahre Bestand hat. Die fünfjährig-gleitenden Korrelationskoeffizienten von Apriltemperatur und Zeit (unterer Teil der Abb. 5) erweisen auch für die einzelnen Fünfjahreszeiträume überwiegend negative Vorzeichen. Nur zu Ende der 50er Jahre treten vermehrt positive Korrelationskoeffizienten auf.

Über größere Räume und in einem statistisch einigermaßen signifikanten Sinne eignen im Untersuchungsraum lediglich den Monaten Januar und April eindeutige lineare Veränderungen ihrer Temperaturen. In den übrigen Monaten erwiesen sich jedoch zumindest andeutungsweise auch Temperaturveränderungen zwischen 1959 und 1978. Die Regressionskoeffizienten der berechneten Trends können über das Ausmaß und die Richtung dieser Temperaturänderungen Auskunft geben. Um diese Temperaturveränderungen von Monat zu Monat zunächst einmal ohne regionale Differenzierung über die einzelnen Regressionskoeffizienten fassen zu können, wurden die Regressionskoeffizienten der Beziehung Temperatur/Zeit für jeden einzelnen Monat über alle Klimastationen gemittelt, desgleichen die Korrelations-

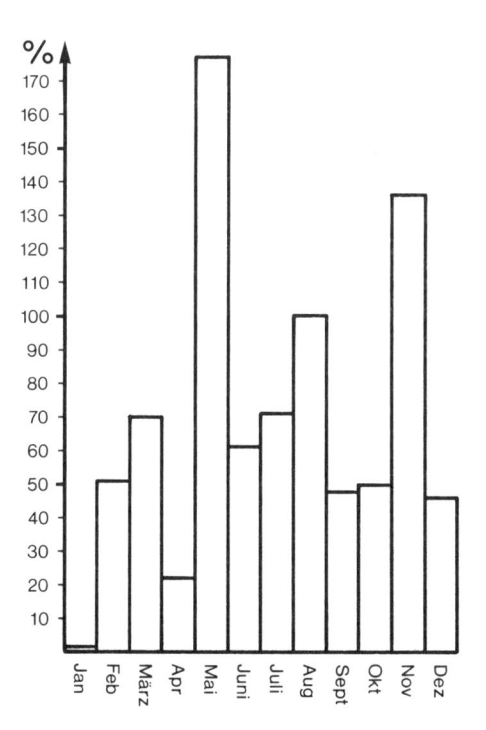

Abb. 7. Relative Variabilität der Regressionskoeffizienten der Beziehung von Monatsmitteltemperatur und Zeit der Monate Januar bis Dezember (Periode 1959–1978) über 52 Klimastationen

koeffizienten, um die mittlere Signifikanz auszudrücken. Die Regressionskoeffizienten der Temperaturtrends der Einzelmonate ergeben einen Jahresgang der Temperaturveränderung im Raume der Bundesrepublik Deutschland zwischen 1959 und 1978 (vgl. Abb. 6). Dazu ist jeweils der mittlere Korrelationskoeffizient angegeben. Die positive Veränderung der Januartemperaturen zwischen 1959 und 1978 hat sich im Mittel des Bundesgebietes auf 0,16 °C pro Jahr belaufen (vgl. jeweils Abb. 6), bei einer mittleren Irrtumswahrscheinlichkeit von ≤ 10%. Mit erheblich größeren Irrtumswahrscheinlichkeiten sind die positiven Temperaturveränderungen von Februar und März behaftet, die sich lediglich in der Dimension von 0,01 °C pro Jahr bewegen. Die Apriltemperatur hat im Mittel des Bundesgebietes zwischen 1959 und 1978 um 0,15 °C pro Jahr abgenommen. Die Irrtumswahrscheinlichkeit dieser Annahme unterschreitet im Mittel das 1%-Niveau! Damit geht übrigens in der Regel eine signifikante Erhöhung der Zahl der Frosttage des April einher. Die übrigen Frühjahrs- sowie die Sommermonate machen bis auf den Juni positive Temperaturtendenzen wahrscheinlich, die in ihrer mittleren Größenordnung indes zu vernachlässigen sind. September und Oktober zeitigen über den Untersuchungszeitraum negative Temperaturveränderungen im Gegensatz zu dem Wintermonat Dezember. Der November markiert ein nahezu unverändertes Temperaturniveau. Im Mittel über alle Monate und Klimastationen resultiert für das Bundesgebiet ein leichter Temperaturanstieg zwischen 1959 und 1978, der jedoch mit einer sehr großen Irrtumswahrscheinlichkeit behaftet ist.

Im Gesamtbild der Temperaturentwicklung der einzelnen Monate erweist sich zwischen 1959 und 1978 eine Tendenz zu wärmeren Wintern und etwas wärmeren Sommern bei Abkühlungstendenzen der Übergangsmonate von Winter- zu Sommerhalbjahr und umgekehrt. Die warme Jahreszeit wird eingeengt.

Dies ist das regional gemittelte Bild, das nun im folgenden regional differenziert werden soll. Die relative Variabilität der in Abb. 6 dargestellten Regressionskoeffizienten markiert die regionale Differenziertheit der skizzierten Trends (vgl. Abb. 7). Die Streuung der Regressionskoeffizienten der Januartemperaturen ist sehr gering. Der positive Trend der Januartemperaturen ist also im Bundesgebiet recht einheitlich vertreten. Entsprechendes gilt für das ebenfalls signifikante Absinken der Apriltemperaturen (vgl. auch Abb. 7). Die markantesten regionalen Differenzierungen lassen nach der relativen Variabilität der Regressionskoeffizienten die Monate Mai und November erkennen.

Zunächst sollen in ihrer regionalen Differenzierung kartographisch die Monate der signifikantesten Temperaturtrends dargestellt werden, überdies

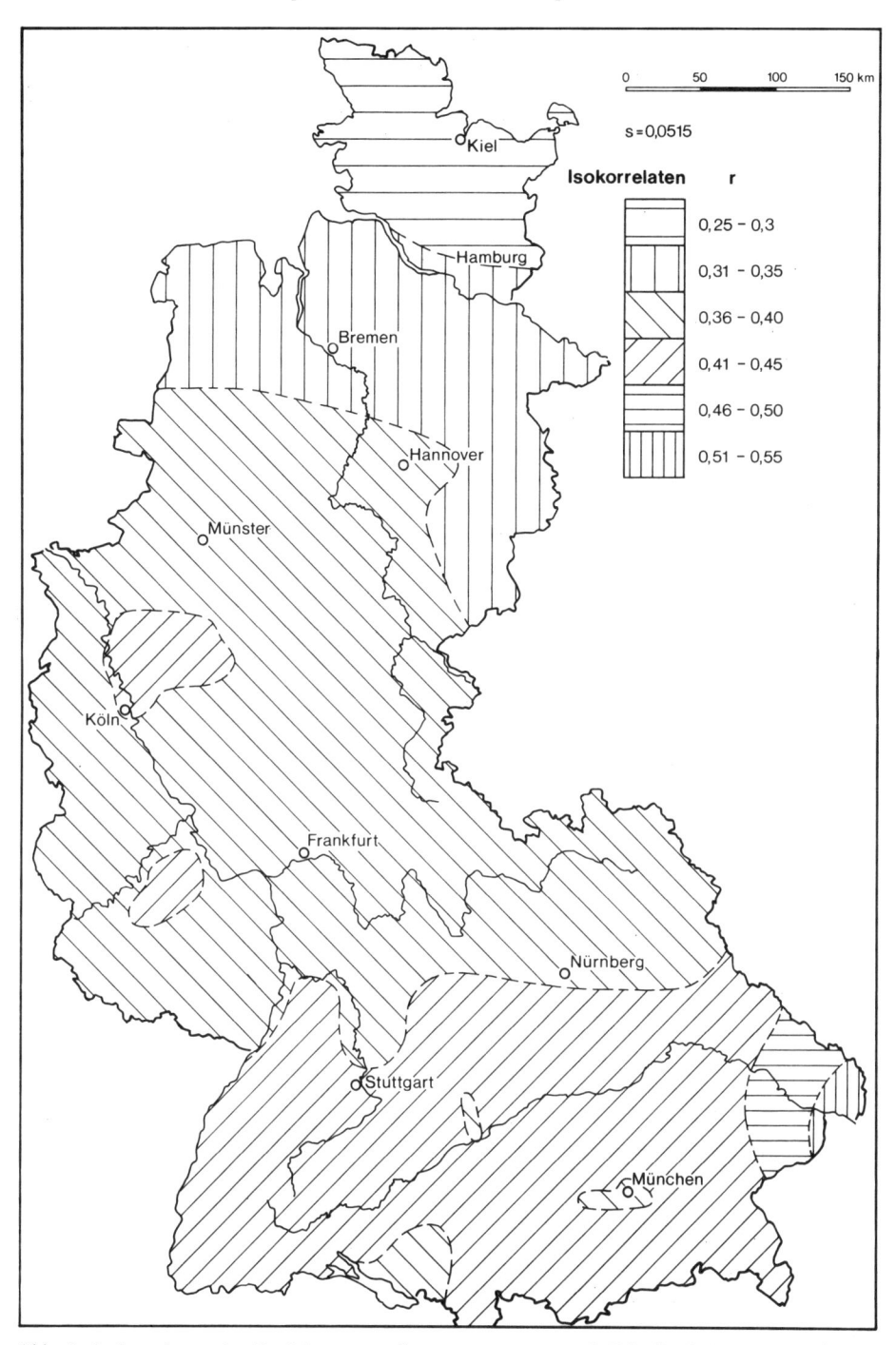

Abb. 8. Isokorrelaten der Beziehung von Januartemperatur und Zeit (Periode 1959–1978) (r = Korrelationskoeffizient)

der November wegen der außerordentlichen räumlichen Streuung seiner Regressionskoeffizienten.

Als Maß zur regionalen Differenzierung wurden die Korrelationskoeffizienten gewählt. Danach erweisen die Temperaturtrends des Januar (Abb. 8) eine markante Nord-Süd-Differenzierung. Im Norden sind die Korrelationskoeffizienten der Beziehung von Januartemperatur und Zeit gering, maximal erscheinen sie im Südosten. Von Norden nach Süden steigen die Korrelationskoeffizienten an, der positive Trend der Januartemperaturen wird also immer gesicherter. Dies zeigt deutlich eine Korrelationsanalyse zwischen den Korrelationskoeffizienten von Januartemperatur und Zeit sowie der Geographischen Breite der betreffenden Klimastationen auf (vgl. Abb. 9, r = −0,76, n = 52). Die Erwärmung der Januare erfolgte also seit dem Beginn der 60er Jahre von Nord- nach Süddeutschland kontinuierlich prononcierter.

Das Raummuster der negativen Veränderung der Apriltemperaturen zwischen 1959 und 1978 stellt sich demgegenüber wesentlich heterogener dar (vgl. Abb. 10). Nördlich der Mittelgebirge erweisen sich die negativen Trends der Apriltemperaturen um so prononcierter, je südlicher die betreffende Klimastation gelegen ist. Südlich der Mittelgebirgsschwelle erweisen Mittelrheintal und Rhein-Main-Gebiet die signifikanteste Reduktion der Apriltemperaturen zwischen 1959 und 1978. Ähnlich signifikant negative Trends der Apriltemperaturen eignen ansonsten noch Nordostbayern und dem östlichen Oberbayern. Südlich der Mittelgebirgsschwelle kennzeichnet das östliche Rheinische Schiefergebirge sowie das Neckartal die am wenigsten ausgeprägte Reduktion der Apriltemperaturen.

Die Novembertemperatur erwies sich im regionalen Mittel des Bundesgebietes als zwischen 1959 und 1978 kaum verändert (Abb. 6). Die hohe räumliche Streuung der Regressionskoeffizienten (Abb. 7) machte jedoch bereits

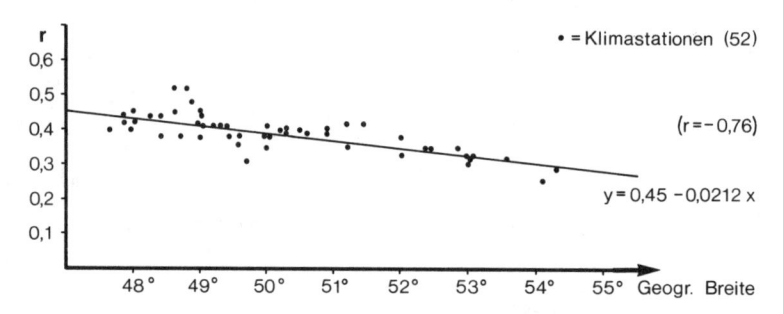

Abb. 9. Beziehung zwischen den Korrelationskoeffizienten (r) von Januartemperatur/Zeit und der Geographischen Breitenlage der betreffenden 52 Klimastationen

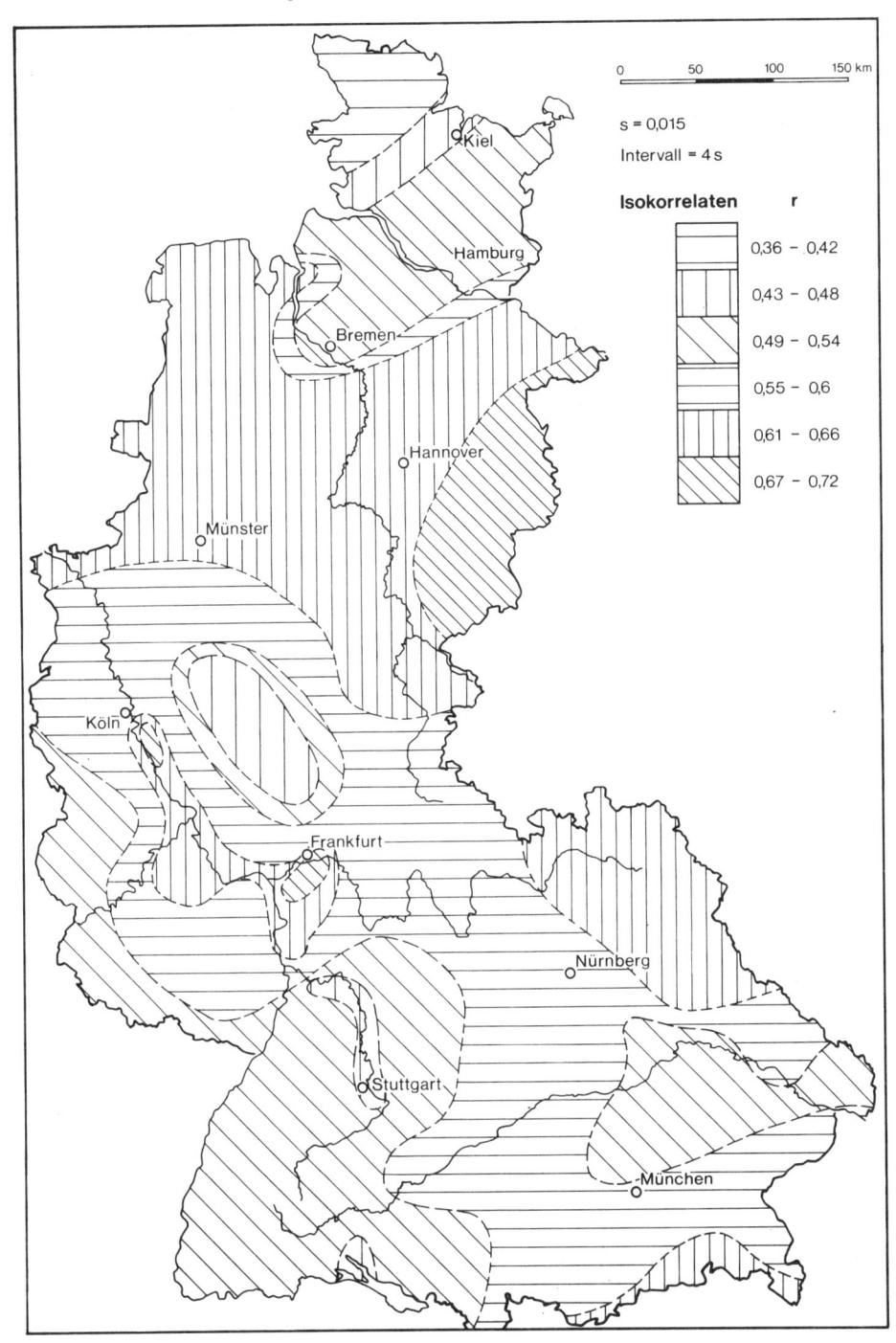

Rezente Temperaturtrends in der Bundesrepublik Deutschland

Abb. 10. Isokorrelaten der Beziehung von Apriltemperatur und Zeit (Periode 1959–1978) (r = Korrelationskoeffizient)

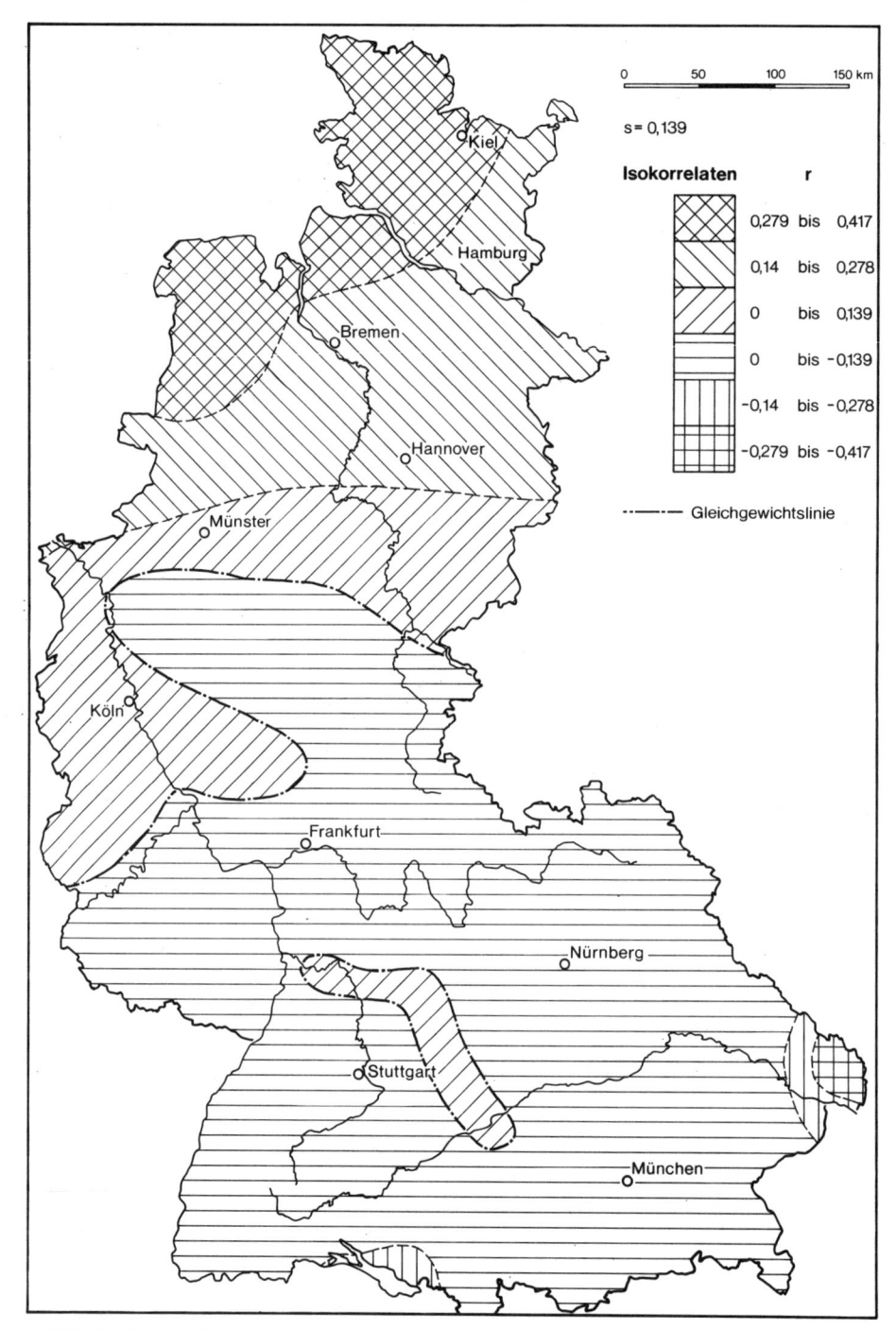

Abb. 11. Isokorrelaten der Beziehung von Novembertemperatur und Zeit (Periode 1959–1978) (r = Korrelationskoeffizient)

ein markant ausgeprägtes Raummuster wahrscheinlich, das die Abb. 11 in Form von Isokorrelaten wiedergibt. Das Raummuster der nicht-signifikanten Trends der Veränderung der Novembertemperaturen zwischen 1959 und 1978 macht im Norden des Bundesgebietes eine Tendenz zu positiven Trends der Novembertemperaturen wahrscheinlich. Im Süden des Bundesgebietes überwiegen dagegen negative Korrelationskoeffizienten der Beziehung von Novembertemperatur und Zeit. Dies ist besonders ausgeprägt im südlichen Bayerischen Wald, wo die deutlichste Steigerung der Januartemperaturen zu verzeichnen war.

Zur integrierten Betrachtung der regionalen Differenzierung der Temperaturtrends derjenigen Monate, die sich in der Änderung der Temperaturen zwischen 1959 und 1978 im Raume ähnlich gewesen sind, wurde die Datenmatrix der Regressionskoeffizienten über 12 Monate und 52 Klimastationen einer varimaxrotierten Hauptkomponentenanalyse unterzogen. Die Monate dienten als Variable, die Klimastationen als Fälle der Hauptkomponentenanalyse. Die 12 Ausgangsvariablen wurden zu 4 Faktoren mit einem Eigen-

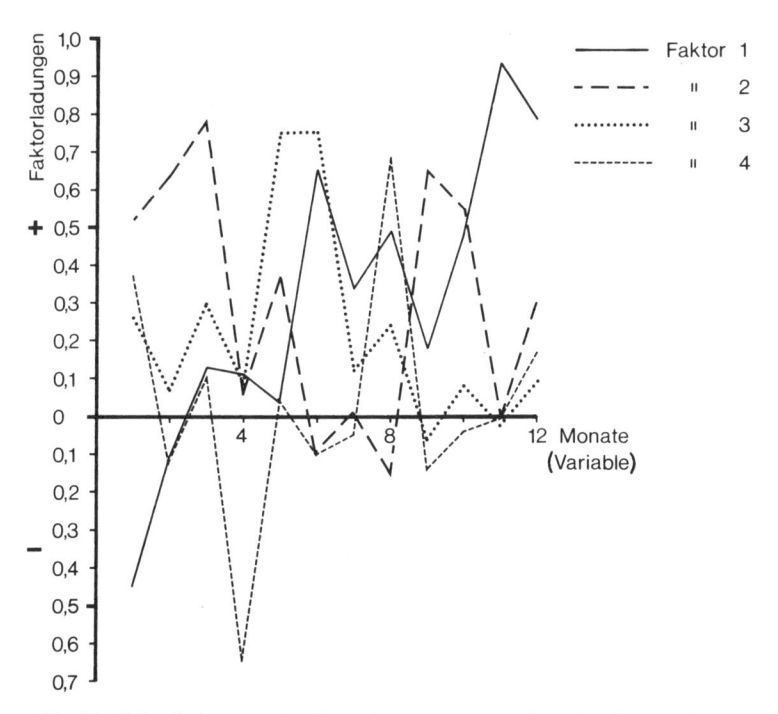

Abb. 12. Faktorladungen der Hauptkomponentenanalyse der Regressionskoeffizienten der Temperaturtrends der Monate Januar bis Dezember 1959–1978 (Monate = Variable; Klimastationen = Fälle)

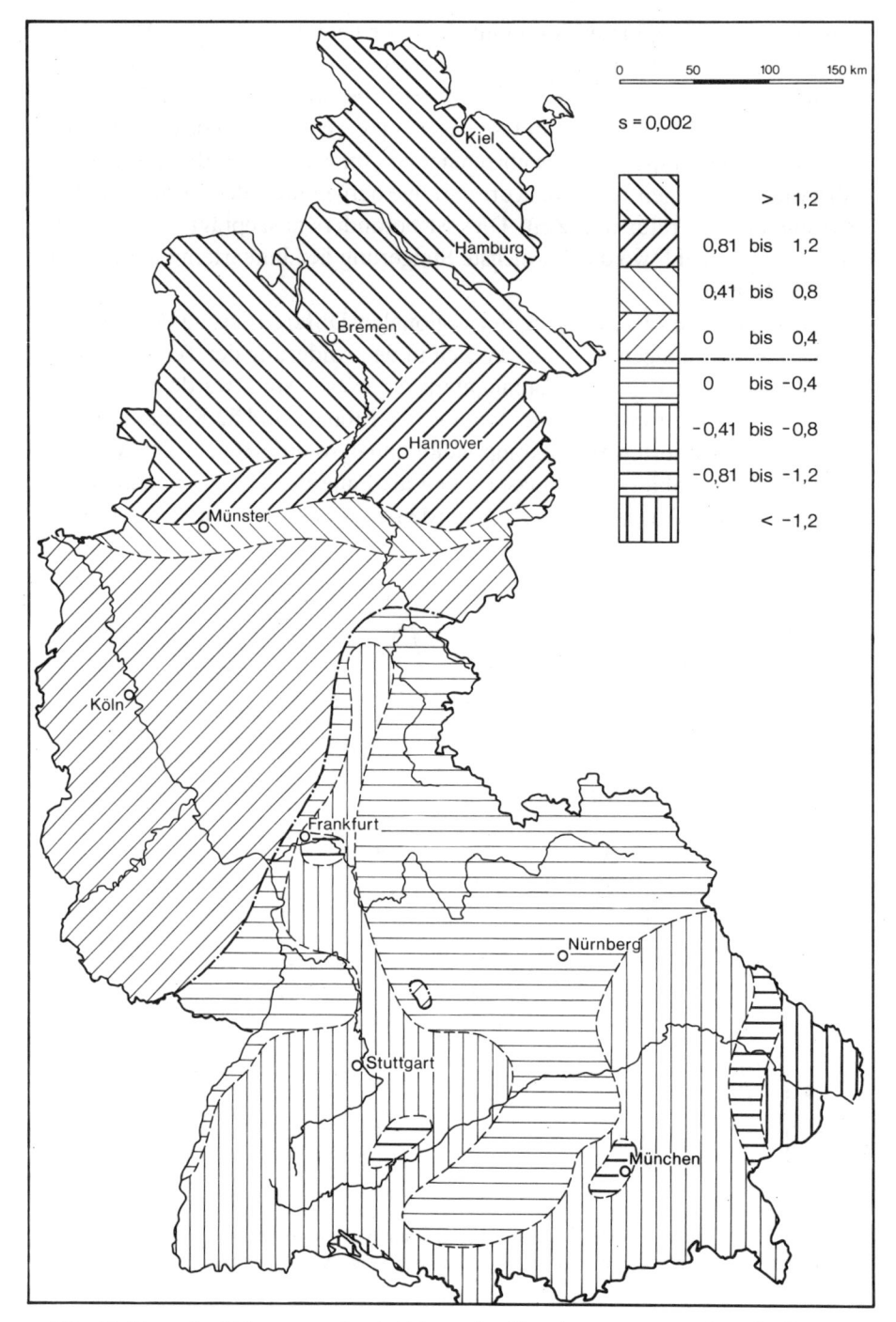

Abb. 13. Karte der Faktorwerte des 1. Faktors der Hauptkomponentenanalyse der Regressionskoeffizienten der Temperaturtrends der Monate Januar bis Dezember 1959–1978

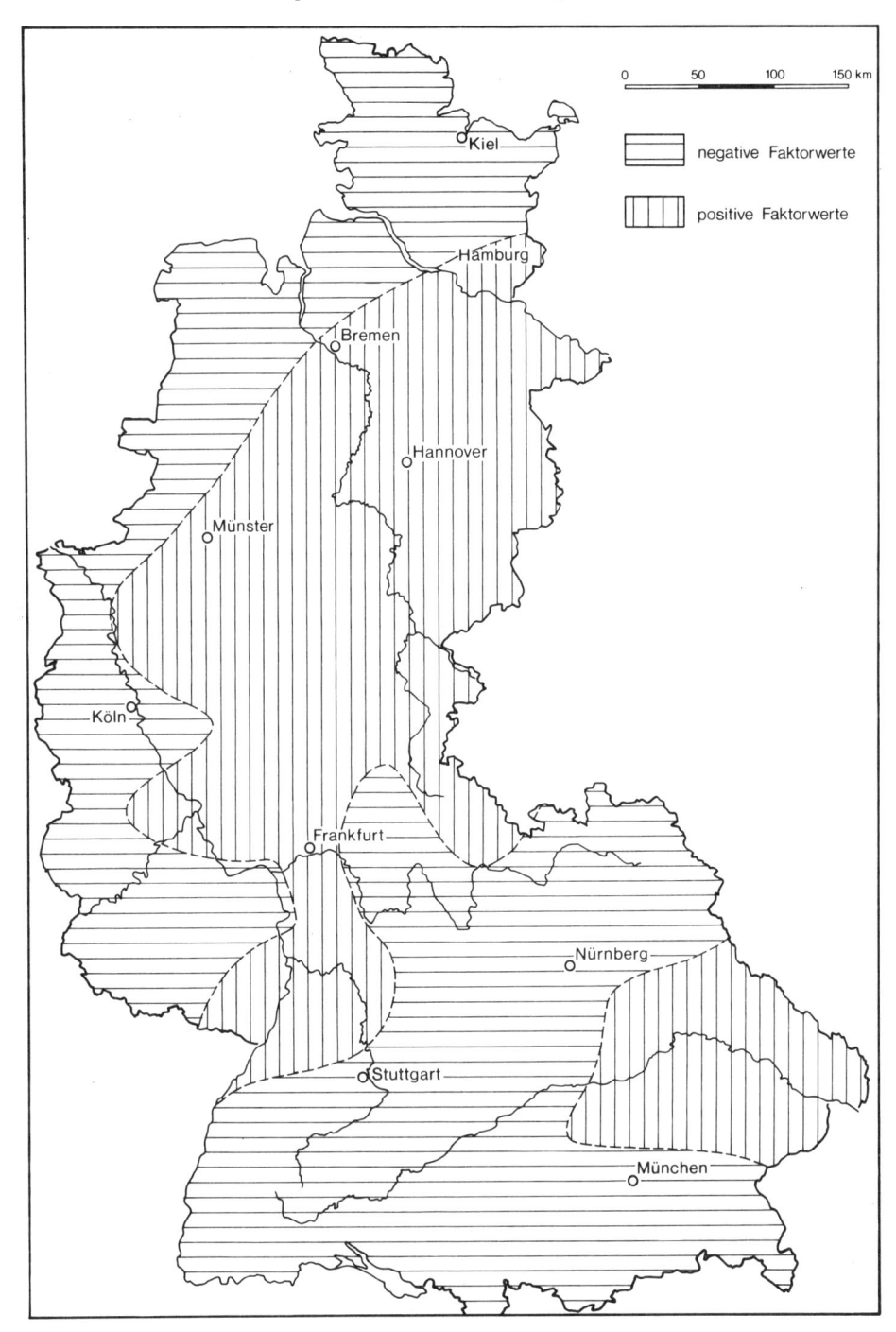

Abb. 14. Karte der Faktorwerte des 4. Faktors der Hauptkomponentenanalyse der Regressionskoeffizienten der Temperaturtrends der Monate Januar bis Dezember 1959–1978

wert ≥ 1 integriert. Sie vermögen zusammen 74,2% der Gesamtvarianz des Datensatzes zu erklären. Der erste Faktor erklärt 30,7%, der zweite 21,1%, der dritte 13,0% und der vierte 9,4% der Ausgangsvarianz. Der erste Faktor lädt (Faktorladungen ≥ 0,7) die Monate November/Dezember besonders hoch-positiv und den Januar markant negativ (vgl. Abb. 12). Den zweiten Faktor prägt mit einer Ladung ≥ 0,7 vor allem der März, den dritten Faktor die Monate Mai und Juni. Eine für die vorliegende Studie interessante Struktur zeigen die Ladungen des 4. Faktors (vgl. jeweils Abb. 12). Der April ist hoch-negativ geladen, der August entsprechend positiv. Es sind dies Monate mit markant negativen bzw. angedeutet positiven Temperaturtrends.

Die Faktoren 1 und 4 werden über ihre Faktorwerte in der regionalen Ähnlichkeit der monatlichen Ähnlichkeit dargestellt.

Die Karte der Faktorwerte des ersten Faktors weist einen markanten Nord-Süd-Gegensatz auf (vgl. Abb. 13). Dem Norden und Westen des Bundesgebietes eignen positive Faktorwerte, dem Süden negative Faktorwerte. Das heißt, der Norden und Westen ist sich in den Temperaturtrends der Monate November/Dezember sehr ähnlich, der Süden in den positiven Temperaturtrends des Januar. Untereinander sind sich die beiden Raumeinheiten hinsichtlich der Temperaturtrends dieser drei Monate indes sehr unähnlich.

Die Karte der Faktorwerte des 4. Faktors der Hauptkomponentenanalyse der Regressionskoeffizienten erweist eine Interferenz von Nord/Süd- sowie Ost/West-Wandel. Positive Faktorwerte kennzeichnen das östliche Niedersachsen, das östliche Nordrhein-Westfalen, den größten Teil Hessens sowie Ostbayern. Diese Räume sind sich vor allem im Trend der Augusttemperaturen ähnlich. Negative Faktorwerte prägen das nördliche Deutschland, den Westen des Bundesgebietes sowie den mittleren und äußersten Süden Deutschlands. Diese Räume sind sich vor allem hinsichtlich der Trends der Apriltemperaturen ähnlich. Sie sind dem Raum positiver Faktorwerte unähnlich (Abb. 14).

Mögliche Ursachen der Temperaturtrends

Klimaänderungen können eine Vielzahl interner und externer Ursachen zugrunde liegen (vgl. Mitchell, 1976).

Als Integral möglicher interner Ursachen der Klimatrends werden mögliche Änderungen in der Häufigkeit der im gleichen Zeitraum beobachteten Wetterlagen herangezogen. Als weitere denkbare Ursache werden Änderungen der Globalstrahlung und der Sonnenscheindauer ins Kalkül gezogen.

Es werden lediglich die möglichen Ursachen der Temperturtrends der Monate Januar und April untersucht, weil nur diese Monate in größeren Räumen auf dem 5%-Niveau der Irrtumswahrscheinlichkeit signifikante Temperaturtrends zeitigten.

Die Analyse der Wetterlagenänderungen zwischen 1959 und 1978 soll aufzeigen, ob und inwieweit Änderungen der „Luftimportrichtungen" die Temperaturtrends der Monate Januar und April bedingt haben könnten. Die ursprüngliche Einteilung der Wetterlagen, wie sie den Veröffentlichungen der „Großwetterlagen Europas" des Deutschen Wetterdienstes entnommen worden sind, wurde durch Zusammenfassungen verändert, weil die Fallzahlen pro Einzelwetterlage über die 20jährige Beobachtungsperiode in der Regel zu gering war, statistische Trendberechnungen durchführen zu können.

Zur Analyse der Änderungen der Häufigkeiten der Wetterlagen des *April* zwischen 1959 und 1978 wurden die Einzelwetterlagen zu Westlagen, Südlagen, Nordlagen, Hoch(druck)lagen und Trog- bzw. Tiefdrucklagen zusammengefaßt. Für jede dieser integrierten Wetterlagen wurde eine Regressions- und Korrelationsanalyse der Auftritthäufigkeit mit der Zeit durchgeführt, um zeitliche Trends der Änderung der Häufigkeit dieser Wetterlagen konstatieren zu können. In der Abb. 15 ist oben die Veränderung der Relationen der integrierten Wetterlagen zwischen 1959 und 1978 abgetragen. Aus den Korrelationsrechnungen der absoluten Fallzahlen resultierten keine auf dem 5%-Niveau der Irrtumswahrscheinlichkeit signifikanten Zeittrends. Die höchsten Korrelationskoeffizienten resultierten aus der Beziehung der Änderung der Süd- *und* Westlagen zu der Zeit ($r = -0{,}349$) sowie aus der Beziehung des Auftretens der Nordlagen in Abhängigkeit von der Zeit ($r = 0{,}317$). Die entsprechenden Regressionsgeraden sind im unteren Teil der

Abb. 15 dargestellt. Danach haben zwischen 1959 und 1978 die West- und Südlagen während des April um 0,37 Fälle pro Jahr abgenommen. Die Irrtumswahrscheinlichkeit dieser Annahme beträgt allerdings immerhin 13,2%. Während des entsprechenden Zeitraumes hat sich die Zahl der Nordlagen im April um 0,24 Fälle pro Jahr erhöht. Die Irrtumswahrscheinlichkeit dieses Modells beträgt 17,4%. Eine noch einigermaßen vertretbare Irrtumswahr-

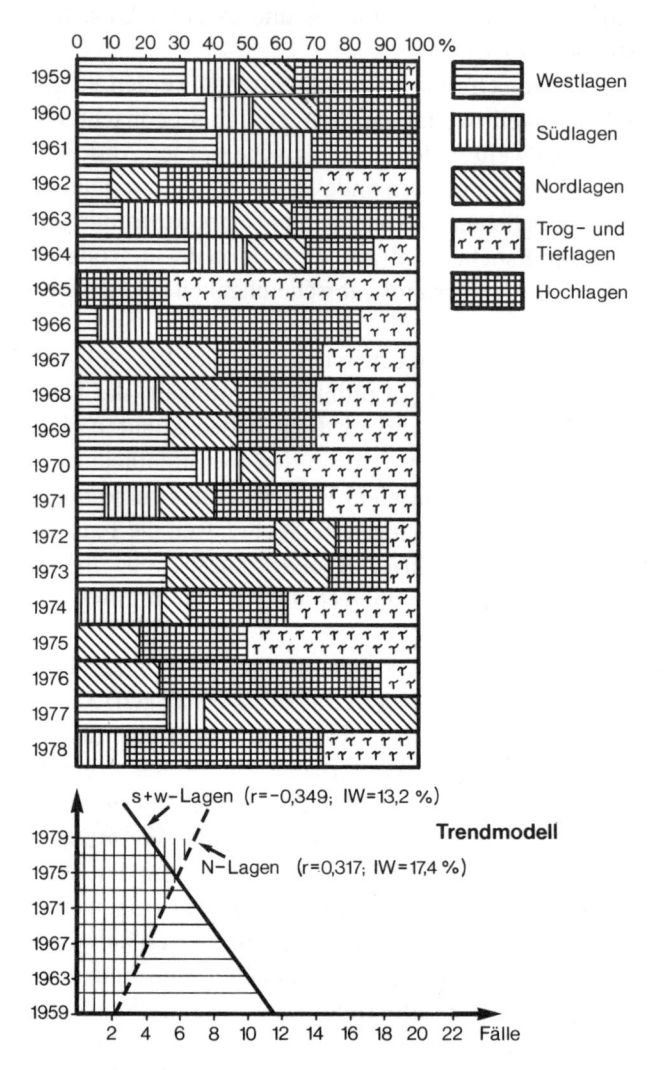

Abb. 15. Zeitreihe der Wetterlagen der Aprilmonate 1959–1978 (oben) / Regressionsgeraden der Beziehung von Wetterlagenhäufigkeit und Zeit (unten)

scheinlichkeit von 23,5% zeitgt ansonsten nur noch die positive Tendenz der absoluten Fallzahl der reinen Troglagen zwischen 1959 und 1978 um 0,19 Fälle pro Jahr während des April. Die Irrtumswahrscheinlichkeit der linearen Trends der zeitlichen Veränderung der Häufigkeiten der übrigen Wetterlagen überschreitet die 25%-Marke erheblich. Es wird deutlich, daß während des Übergangsmonats April zwischen 1959 und 1978 eine gewisse Tendenz zu vermehrter Luftströmung aus Norden und zu verminderter Luftströmung aus Süd und West zu verzeichnen war. Diese „Luftimportänderungen" vermögen allerdings die Trends der Apriltemperaturen nicht hinreichend zu erklären, da sie selbst nicht als hinreichend signifikant gesichert erschienen.

Eine Regressions- und Korrelationsanalyse zwischen den 1959 bis 1978 in Frankfurt gemessenen Apriltemperaturen (Station mit dem ausgeprägtesten Trend) und den Fallzahlen der West/Südlagen sowie der Nordlagen über den gleichen Zeitraum zeitigte engere Beziehungen. Zwischen dem Auftreten der Süd- und Westlagen sowie der Apriltemperatur resultierte ein Korrelationskoeffizient von 0,382 (Irrtumswahrscheinlichkeit knapp unter 10%). Die Zunahme der Zahl der Nordlagen zwischen 1959 und 1978 steht sogar in einem ausreichend signifikant gesicherten Zusammenhang mit der Apriltemperatur von Frankfurt ($r = 0{,}493$, Irrtumswahrscheinlichkeit: 2,74%). Damit erscheint die Zunahme der Zahl nördlicher Wetterlagen als primäre synoptische Ursache der negativen Temperaturtrends des Monats April. Es bleiben allerdings etwa 75% der Varianz der Apriltemperaturen unerklärt.

Die positiven Trends der *Januar*temperaturen können besser als die negativen Trends der Apriltemperaturen durch eine Änderung der Wetterlagenhäufigkeit zwischen 1959 und 1978 erklärt werden. Zur Analyse der entsprechenden Beziehungen wurden die im Monat Januar aufgetretenen Einzelwetterlagen zu drei „Großtypen" integriert: West- *und* Südlagen repräsentieren die Zufuhr relativ milder Luft während des Januar; Nord- und Hochdrucklagen stehen für die Zufuhr kalter Luft oder für Auskühlungseffekte; Trog- *und* Tieflagen können auf die Januartemperaturen sehr differenziert wirken. Hochdrucklagen repräsentieren im übrigen auch die Zufuhr kalter kontinentaler Luft aus dem östlichen Europa in das Bundesgebiet. Die Berechnung zeitlicher Trends der Änderungen der absoluten Fallzahlen des Auftretens der drei integrierten Wetterlagen zwischen Januar 1959 und Januar 1978 zeigte besonders markant und signifikant gesichert (Irrtumswahrscheinlichkeit: 1,42%) eine Reduktion der Häufigkeit von Nord- *und* Hochdrucklagen ($r = -0{,}539$; $y = 1174{,}439 - 0{,}591\,x$) (vgl. dazu die Regressionsgerade in Abb. 16 unten und die relativen Häufigkeiten in Abb. 16 oben). Danach hat sich in einem linearen Sinne zwischen 1959 und 1978 die Zahl dieser „kalten" Januarwetterlagen um etwa 0,6 Fälle pro Jahr

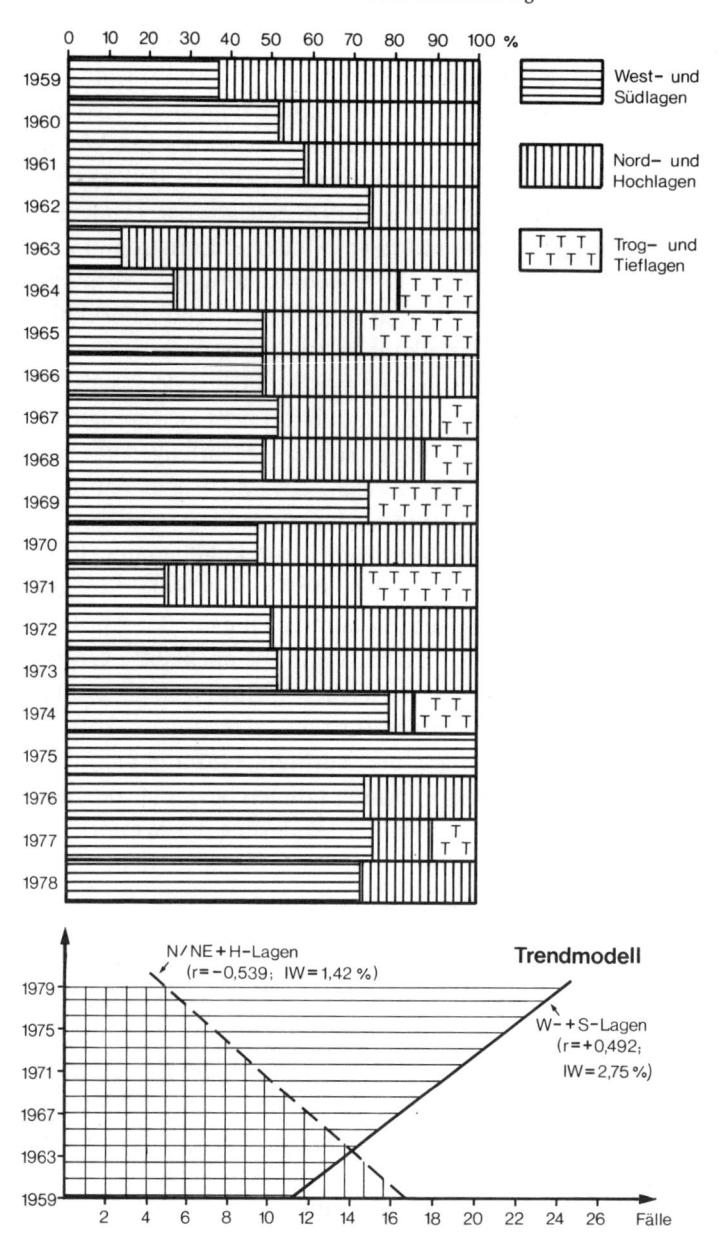

Abb. 16. Zeitreihe der Wetterlagen der Januarmonate 1959–1978 (oben) / Regressionsgeraden der Beziehung von Wetterlagenhäufigkeit und Zeit (unten)

vermindert. Die Fallzahl der südlichen und westlichen Wetterlagen, einschließlich der Nordwestlagen, hat sich in dem gleichen Zeitraum im Sinne eines linearen Trends um etwa 0,64 Fälle pro Jahr vermehrt (r = 0,492, y = −1248,314 + 0,643 x; Irrtumswahrscheinlichkeit: 2,75%). Im oberen Teil der Abb. 16, in der Darstellung der Änderungen der Relationen der drei „Großtypen" von Wetterlagen zueinander, wird eine etwas detailliertere Änderung der westlichen *und* südlichen Wetterlagen zwischen 1959 und 1978 veranschaulicht. Bis 1962 hatte die Zahl dieser „milden" Wetterlagen relativ zugenommen, um dann mit dem Jahrhundertwinter von 1963 ein markantes Minimum zu durchschreiten. Ab diesem Winter zeigt sich eine relativ stetige Zunahme des Anteils dieser Wetterlagen bis zu einem absoluten Maximum von 1975.

Extrem enge Beziehungen zwischen Januartemperaturen und den Wetterlagenhäufigkeiten der Nord- und Hochdrucklagen bzw. den West- und Südlagen konnten für die Klimastation Freyung abgeleitet werden, wo sich der positive Trend der Januartemperaturen als besonders ausgeprägt erwiesen hatte. Zwischen der Januartemperatur von Freyung (1959–1978) und der Häufigkeit westlicher *und* südlicher Wetterlagen resultierte ein Korrelationskoeffizient von 0,707 (Abb. 17) (Irrtumswahrscheinlichkeit: 0,048%; y = −6,123 + 0,193 x). Etwa 50% der Variabilität der Januartemperaturen von Freyung lassen sich durch die Änderung der Häufigkeit des Auftretens dieser Wetterlagen erklären. Noch enger gestaltet sich die Beziehung zwischen den Januartemperaturen von Freyung und der absoluten Häufigkeit der Nord- *und* Hochdrucklagen (r = −0,810, Irrtumswahrscheinlichkeit: 0,0014%; y = 0,125 − 0,264 x; vgl. Abb. 17). Die Abnahme dieser „kalten" Wetterlagen zwischen 1959 und 1978 vermag danach zu etwa 68% die Änderung der Januartemperaturen von Freyung zu erklären. Nach einer multiplen Korrelationsanalyse vermögen beide unabhängigen Variablen zusammen allerdings keinen höheren Varianzanteil zu erklären.

Die positiven Trends der Januartemperaturen erweisen sich insgesamt als sehr stark geprägt von einer Reduktion der Zufuhr kalter Luftmassen von Norden und Osten sowie der Reduktion von „Auskühlungswetterlagen" und auf der anderen Seite von einer markanten Steigerung der Zufuhr relativ milder maritimer Luftmassen. Es ist zwischen 1959 und 1978 eine Verminderung der Kontinentalität und eine Erhöhung der Maritimität der Januare zu konstatieren gewesen.

Neben den skizzierten Änderungen der Wetterlagenhäufigkeiten könnten auch Änderungen der Solaraktivität oder der Bewölkung die Temperaturtrends der Monate Januar und April zwischen 1959 und 1978 mitgesteuert haben. Dies wurde für den April überprüft, weil für seinen signifikant negativen Temperaturtrend der größte Teil der Varianz noch unerklärt geblieben ist. Dazu wurden Werte der Globalstrahlung und der Sonnenscheindauer von Würzburg/Stein auf eventuelle Trends zwischen 1959 und 1978 hin untersucht, die die negativen Trends der Apriltemperaturen erklären könnten. Die Globalstrahlung erwies zwischen 1959 und 1978 bei einer Irrtumswahrscheinlichkeit von 20,73% einen positiven Trend. Damit kann in der Solaraktivität, also auch in der Sonnenfleckenzahl, die Regression der Apriltemperaturen nicht begründet sein. Die Sonnenscheindauer zeitigte überhaupt keinen deutlichen Trend zwischen 1959 und 1978 (r = 0,074). Damit entfallen auch Änderungen in den Bewölkungsgraden als Ursachen der Regression der Apriltemperaturen.

Eine weitere Klärung der Ursachen der negativen Temperaturtrends der Apriltemperaturen wird in der „Diskussion" versucht.

Zunächst einmal soll hier noch auf die eventuellen ökologischen Auswirkungen der negativen Trends der Apriltemperaturen eingegangen werden.

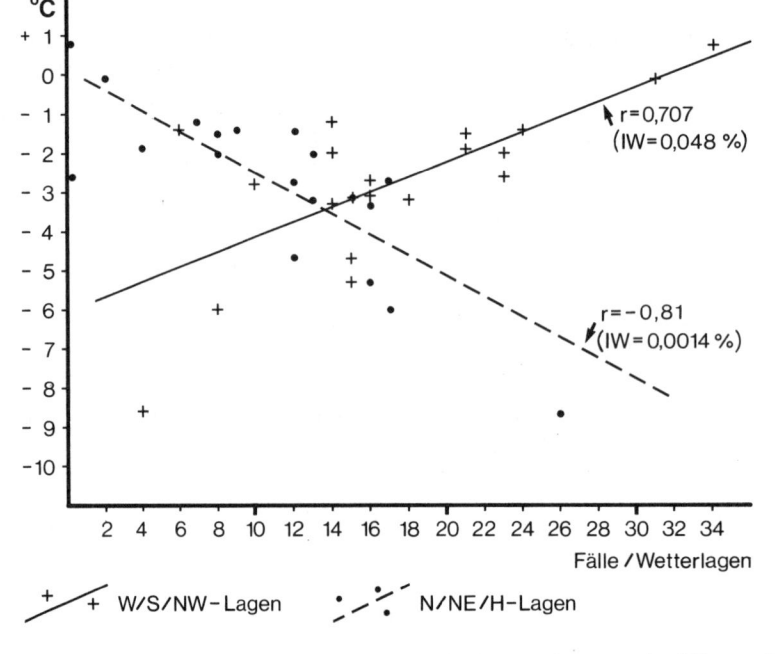

Abb. 17. Beziehung von Januartemperaturen und Wetterlagen an der Klimastation Freyung (W = Westlagen; S = Südlagen; NW = Nordwestlagen; N = Nordlagen; NE = Nordostlagen; H = Hochdrucklagen)

Tabelle 1. Beziehung von Apriltemperatur und Ernteertrag für fünf zufällig ausgewählte Kreise der Bundesrepublik Deutschland (Periode: 1959–1978) (Ziffern = PEARSON-Korrelationskoeffizienten)

Kreis	WW	WR	WG	SG	H	ZR	RR
Herford	−0,48*	−0,59*	−0,54*	−0,50*	−0,40	−0,40	−0,36
Essen	−0,20	−0,26	−0,42	−0,16	−0,07	−0,34	−0,36
Vogelsberg	−0,34	−0,40	−0,42	−0,43	−0,25	−0,49*	−0,51*
Heilbronn	−0,15	−0,19	−0,36	−0,24	−0,19	−0,41	−0,60*
Bodensee	−0,11	−0,11	−0,33	−0,19	−0,29	−0,29	−0,48*

* Signifikant auf dem 5%-Niveau der Irrtumswahrscheinlichkeit
WW = Winterweizen; WR = Winterroggen; WG = Wintergerste; SG = Sommergerste; H = Hafer; ZR = Zuckerrüben; RR = Runkelrüben

Dazu wurden für vier zufällig ausgewählte Kreise die Beziehungen zwischen Apriltemperatur und Ernteertrag abgeleitet (vgl. Tab. 1). Die Ertragsangaben wurden der Statistik „Bodennutzung und Ernte" des Statistischen Bundesamtes Wiesbaden entnommen und auf einheitliche Flächengrößen der Kreise homogenisiert. Der Kreis Herford macht durchgehend negative Korrelationskoeffizienten zwischen Ertrag und Apriltemperaturen deutlich. Lediglich die Koeffizienten für Hafer und Hackfrüchte sind nicht ausreichend signifikant gesichert (Tab. 1). Die Vorzeichen der Korrelation bestätigen sich auch bei den übrigen Kreisen. Jedoch sind die Zusammenhänge zwischen Halmfruchtertrag und Apriltemperaturen dort nicht mehr ausreichend gesichert. Am deutlichsten erweist sich der Zusammenhang für den Ertrag an Runkelrüben.

Es besteht jedoch eine allgemeine Tendenz, daß mit sinkenden Apriltemperaturen eine Steigerung der Ernteerträge verbunden ist. Dies könnte darin begründet liegen, daß allgemein bei einem im Frühjahr verzögerten Wachstum in Deutschland höhere Ernteerträge registriert werden (vgl. Geisler, 1980).

Womöglich ist jedoch der „technologische Trend" der Ertragssteigerung so groß, daß er eventuell negative Auswirkungen sinkender Apriltemperaturen auf den Ernteertrag überkompensiert.

In jedem Fall bedeuten nämlich die sinkenden Apriltemperaturen wie auch das Absinken der Septemberwerte bei gleichzeitiger Steigerung der Zahl der Frosttage eine Einengung der Vegetationsperiode – zumindest der wildwachsenden Pflanzen.

Diskussion der Ergebnisse

Nach Koncek und Cehak (1968), die eine 190jährige Temperaturreihe von Mitteleuropa untersucht haben, überwogen zunächst nach 1790/95 negative Trends der Sommertemperaturen bis etwa 1923. Zwischen 1923 und 1950 herrschten positive Trends der Sommertemperaturen vor. Die Wintertemperaturen zeigten seit 1790/95 ebenfalls eine fallende Tendenz. Nach 1890/95 war jedoch eine markante Tendenzwende zu konstatieren, die bis 1923 anhielt. Dem folgte ein negativer Trend der Wintertemperaturen, der in den Strengwintern des 2. Weltkrieges kulminierte. Danach stiegen die Wintertemperaturen bis 1957 wieder an (vgl. auch Cehak, 1980). Auch von Rudloff (1967) nahm für den Zeitraum 1890/95 eine Temperaturtrendwende an. Das Optimum der Erwärmung im Jahresmittel sei allerdings erst – einhergehend mit verstärkter Zonalzirkulation – um 1953 erreicht worden. Die Wintertemperaturen hatten jedoch bereits seit 1940 fallende Tendenz gezeigt. Nach 1953 konstatierte von Rudloff (1967) eine Abkühlung der Frühjahre und ab 1960 auch eine Abkühlung der Herbste.

Die eigenen Ergebnisse schließen nun an diese Resultate an. Es erweist sich, daß der Abkühlungstrend der Winter (Januar) mit Unterbrechungen bis 1963 anhielt und daß danach eine eindeutige Erwärmung der Winter erfolgte. Diese Tendenz zu warmen Wintern, einmalig seit Beginn der instrumentellen Beobachtungen, war auch zu Beginn der 80er Jahre noch ungebrochen. Man denke z. B. an den extrem milden Winter 1982/83. Die in der Literatur konstatierte Regression der Frühjahrstemperaturen konnte auf den April eingeschränkt werden. Die Abkühlung dieses Übergangsmonats setzte jedoch nicht erst 1953 ein (v. Rudloff, 1967), sondern zumindest bereits nach 1947. Dieser Negativtrend hat sich mit einer Unterbrechung zu Ende der 50er Jahre bis heute fortgesetzt. Auch die von v. Rudloff (1967) seit 1960 konstatierte Abkühlung der Herbste setzt sich fort. Sie gilt allerdings nur für die Monate September/Oktober, für den November nur in süddeutschen Landen, keineswegs jedoch für den Dezember. Der Abkühlungstrend der Herbste kann nicht als ausreichend gesichert angesehen werden.

Nach der Klimawende von 1890/95 erfolgte bis zum Ende des Klimaoptimums (mit dem Jahr 1954) eine stetige Ausweitung der Vegetationszeit von bis zu 20 Tagen. Seitdem führt die Abkühlung von April und September zu einer stetigen Einengung der Vegetationszeit, zumindest der wildwachsenden Pflanzen. Dies dürfte den Standortstreß bereits durch menschliche Eingriffe stark belasteter Ökosysteme noch weiter erhöhen. Die erhöhte Zahl von Frosttagen in April und September trifft die Pflanzen des Bundesgebietes nämlich in sehr empfindlichen Phasen vor und nach der Frostabhärtung.

Insgesamt führt die Gesamttendenz der Temperaturveränderungen im Raume der Bundesrepublik Deutschland zu steigendem Wasserstreß der perennierenden Vegetation. Gesteigerte Winter- und gesteigerte Sommerwärme erhöhen den Transpirationsanspruch. Vermehrter Frost während der Übergangsmonate stört die Wasseraufnahme, was bei gleichbleibender oder sogar erhöhter Globalstrahlung den Wasserstreß verstärkt. Die anthropogenen Belastungen z. B. unserer Wälder koinzidieren damit offenbar mit einem ungünstigen Trend der Änderung der Temperaturmilieus.

Die konstatierten Temperaturänderungen im Raume der Bundesrepublik Deutschland bestätigen sich großteils auch für den Raum alpiner Hochlagen (vgl. von Rudloff, 1980). Die Wintertemperaturen zeigten dort bereits seit 1949/50 ansteigende Tendenz mit einem Einbruch zu Beginn der 60er Jahre. Die Frühjahrstemperaturen sind seit 1945/50 gefallen. Dies gilt in alpinen Höhenlagen – im Gegensatz zu „flachem Land" – auch für die Sommertemperaturen. Die Herbste zeigten in alpinen Hochlagen erst in den letzten Jahren deutlich fallende Niveaus ihrer Temperaturen.

Die Ursachenforschung der Temperaturtrends konzentrierte sich – wie in der vorliegenden Studie – weitgehend auf die Suche nach Änderungen von Wetterlagenhäufigkeiten. So machte Damman (1948) für die Wintererwärmung nach 1881 eine vermehrte Südströmung bei reduzierter Zufuhr östlicher Luftmassen wahrscheinlich. Für den April hatte er bereits ab 1881 eine Steigerung der Zufuhr nördlicher Luftmassen festgestellt. Wie für die eigene Beobachtungsphase konstatierte er für die von ihm untersuchte Phase ab 1881 bis 1930 eine Verminderung der Kontinentalität der Winter und eine Verstärkung der Kontinentalität der Sommer, die allerdings nach 1959 nur vermutet, nicht aber statistisch signifikant belegt werden kann. Damman (1948) führte die Erwärmung der Sommer auf eine Nordverlagerung der Subtropischen Hochdruckzellen zurück.

Lamb (1966 und 1977) hat sich besonders mit dem Klima der 60er Jahre beschäftigt, die mit extrem kalten Wintern auf das bis 1953 währende Klimaoptimum gefolgt waren. Er führte diese Temperaturtrendwende auf eine Abschwächung des Westwindregimes und auf eine gleichzeitige Verstärkung von „blocking-Effekten" zurück. Die Zirkulation ging in einen deutlichen Meridionaltyp über. Der negative Trend der Häufigkeit der Zonalzirkulation und der positive Trend der Häufigkeit der Meridionalzirkulation hatte jedoch bereits in der Dekade 1923/1932 eingesetzt. In der Dekade 1947/1956 unterschritt die Häufigkeit zonaler Wetterlagen die Häufigkeit meridionaler Wetterlagen. Diese Tendenzen setzen sich nach Olberg, Graf, Witschel (1976) zumindest bis in die Dekade 1959/1968 fort. Klaus (1980) stellte eine durchgehende Zunahme der Zonalzirkulation seit 1940 fest, die mit einer Nordverlagerung der Zone maximaler Fronthäufigkeit sowie einer Zunahme der Fronthäufigkeit selbst einhergehe. Nach den eigenen Untersuchungen besteht ein Trend zu vermehrter Meridionalzirkulation vornehmlich für die Übergangsmonate, allenfalls noch für den Sommer, für den Winter jedoch ein Trend zunehmender Zonalzirkulation.

Die negativen Temperaturtrends der Monate April und September können danach womöglich primär auf Änderungen der übergeordneten Zirkulationsmechanismen zurückgeführt werden. In diesen beiden Monaten wechselt normalerweise die Winter- zur Sommerzirkulation und umgekehrt. Mit dem Monat April dominiert normalerweise die Zonalzirkulation. Die subtropischen Hochdruckgebiete rücken markant nach Norden (vgl. Chang, 1972). Im September tritt mit der Umstellung auf die Winterzirkulation der umgekehrte Fall ein. Diese Umstellungszeitpunkte scheinen nun in Richtung auf Mai und Ende August bis Anfang September verschoben. Damit verstärkt sich in den Monaten April und September die Meridionalzirkulation unter Zufuhr kalter Luftmassen. Das Winterhalbjahr verlängert sich, das Sommerhalbjahr wird verkürzt. Gleichzeitig schwächen sich im Winterhalbjahr die extremen Kaltphasen ab; es wird ausgeglichener. Der Sommer neigt hingegen zu Verstärkungseffekten.

Wie wenig dieses so skizzierte Bild von der eingangs erwähnten CO_2-Belastung abhängig ist, zeigt sich daran, daß das Frühjahr, also auch der April, der Monat der stärksten Belastung durch Kohlendioxide ist. Nach der Theorie, die aus einer vermehrten CO_2-Belastung eine Erwärmung ableitet, müßten gerade die Apriltemperaturen ansteigen. Sie verhalten sich indes genau gegenteilig. Entweder ist der „natürliche" Abkühlungstrend der „Aprille" noch stärker als der statistisch konstatierte und wird teilweise durch die CO_2-Belastung kompensiert, oder aber die vermehrte CO_2-Belastung gerade des April zeitigt noch keine Wirkung auf die Temperaturverhältnisse.

Literatur

BRINKMANN, W. (1976): Surface temperature trend for the Northern Hemisphere – updated, Quaternary Research, 6, S. 355–358.

CEHAK, K. (1980): Rezente Änderungen der Winterstrenge im Donauraum, Archiv für Meteorologie, Geophysik und Bioklimatologie, Ser. B, 28, S. 243–255.

CHANG, J. H. (1972): Atmospheric circulation systems and climates, Honululu.

DAMMAN, W. (1948): Klimaschwankungen und Wetterlage in Mitteleuropa 1881–1930, Meteorologische Rundschau, 1, S. 411–414.

FLOHN, H. (1980): Modelle der Klimaentwicklung im 21. Jahrhundert, in: Das Klima..., S. 3–17.

GEISLER, G. (1980): Pflanzenbau. Ein Lehrbuch – Biologische Grundlagen und Technik der Pflanzenproduktion, Berlin, Hamburg.

GRAF, H.-F. (1977): Andauerverhalten und Jahresgang zonaler und meridionaler Zirkulationsformen auf der Nordhemisphäre, Zeitschrift für Meteorologie, 27, S. 104–108.

KELLOGG, W. W. (1980): Review of human impact on climate, in: Das Klima..., S 18–30.

KLAUS, D. (1980): Fronthäufigkeit über dem Atlantik und Europa von 1899–1978, Annalen der Meteorologie, N. F., 15, S. 207–208.

DAS KLIMA (1980): Analysen und Modelle – Geschichten und Zukunft, Hrsg.: H. Oeschger, B. Messerli, M. Svilar, Berlin, Heidelberg, New York.

KONCEK, N.; K. CEHAK (1968): Säkulare Temperaturschwankungen in Mitteleuropa während der letzten 190 Jahre, Archiv für Meteorologie, Geophysik und Bioklimatologie, Ser. B., 16, S. 1–17.

LAMB, H. H. (1966): Climate in the 1960's. Changes in the world's wind circulation reflected in prevailing temperatures, rainfall patterns and the levels of the African lakes, The Geographical Journal, 132, S. 183–212.

LAMB, H. H. (1977): Climate: Present, past and future, Vol. 2: Climatic history and the future, London, New York.

LOCKWOOD, J. G. (1981): Carbon dioxide and climate, Progress in Physical Geography, 5, S. 99–113.

MILES, M. K. (1978): Predicting temperature trend in the Northern Hemisphere, Nature, Vol. 276, S. 356–359.

MITCHELL, J. M. (1976): An overview of climatic variability and its causal mechanisms, Quaternary Research, 6, S. 481–493.

OLBERG, M.; H.-F. GRAF; W. WITSCHEL (1976): Andauerstatistik und Persistenzverhalten der Zirkulationsformen nach Dzerdzeevskij, Zeitschrift für Meteorologie, 26, S. 25–32.

RUDLOFF, H. von (1967): Die Schwankungen und Pendelungen des Klimas in Europa seit dem Beginn der regelmäßigen Instrumentenbeobachtungen (1670), Braunschweig.

RUDLOFF, H. von (1980): Die Klima-Entwicklung in den letzten Jahrhunderten im mitteleuropäischen Raume (mit einem Rückblick auf die postglaziale Periode), in: Das Klima..., S. 125–148.

Teich, M. (1971): Der Verlauf der Jahresmitteltemperaturen im nordatlantisch-europäischen Raum in den Jahren 1951–1970, Meteorologische Rundschau, 24, S. 137–148.

Teich, M. (1978): Temperatur-Trendwende über dem Nordatlantik seit 1970, Meteorologische Rundschau, 31, S. 92–94.

Jahrgang 1978

1. *Gernot Gräff*, Der Starkeffekt zweiatomiger Moleküle. 18 S. m. 1 Abb., DM 10,–

Jahrgang 1979

1. *Wilhelm Lauer* und *Peter Frankenberg*, Zur Klima- und Vegetationsgeschichte der westlichen Sahara. 61 S. mit 25 Abb., DM 24,40
2. *Günther Ludwig*, Wie kann man durch Physik etwas von der Wirklichkeit erkennen? 16 S., DM 5,20
3. *Günter Lautz*, Miniaturisierung ohne Ende? Entwicklungstendenzen der physikalischen Elektronik. 42 S. mit 38 Abb., DM 14,80
4. *Georg Dhom*, Aufgaben und Ziele einer Krebsforschung am Menschen. 23 S. mit 10 Abb., DM 8,60

Jahrgang 1980

1. *Heinrich Karl Erben*, A Holo-Evolutionistic Conception of Fossil and Contemporaneous Man. 18 S., DM 7.80
2. *Charles Grégoire*, The Conchiolin Matrices in Nacreous Layers of Ammonoids and Fossil Nautiloids: A Survey. Part 1: Shell wall and septa. 128 S. mit 59 Abb., DM 39,20

Jahrgang 1981

1. *Wilhelm Klingenberg*, Über die Existenz unendlich vieler geschlossener Geodätischer. 25 S., DM 10,40
2. *Wilhelm Lauer*, Klimawandel und Menschheitsgeschichte auf dem mexikanischen Hochland. 50 S. mit 21 Fig., 26 Fotos, 1 Tabelle und 7 Karten. DM 25,80
3. *Peter Frankenberg, Wilhelm Lauer, Jutta Schütger-Weber*, Zur ornithogeographischen Differenzierung Nordafrikas. 27 S. mit 11 Abb., DM 9,80

Jahrgang 1982

1. *Werner Nachtigall*, Biotechnik und Bionik – Fachübergreifende Disziplinen der Naturwissenschaft. 29 S. mit 11 Abb., DM 11,60
2. *E. Mutschler*, Arzneimittelentwicklung – Zufall, Intuition und systematische Suche. 23 S. mit 13 Abb., DM 10,80
3. *Franz Huber*, Der Weg vom Verhalten zur einzelnen Nervenzelle. Studien an Grillen. 40 S. mit 22 Abb., DM 16,20

Jahrgang 1983

1. *Focko Weberling*, Evolutionstendenzen bei Blütenständen. 32 S. mit 14 Abb., DM 13,20
2. *Wilhelm Lauer* (Hrsg.), Beiträge zur Geoökologie von Gebirgsräumen in Südamerika und Eurasien. 107 S. mit 48 Abb., DM 38,–
3. Wissenschaft und Wissenschaftsbegriff. *Gerhard Funke*, Gesichtspunkte zur Beurteilung von Wissenschaftsbegriffen. *Erhard Scheibe*, Kriterien zur Beurteilung der Naturwissenschaften. 41 S., DM 15,20
4. *Peter Frankenberg*, Zur Landschaftsdegradation in Südosttunesien. 60 S. mit 27 Abb. und 2 Fotos, DM 25,40

Jahrgang 1984

1. *Karl Hans Wedepohl*, Diamant, seine Eigenschaften und seine Bildung. 24 S. mit 9 Abb., DM 9,80
2. *Dieter Klaus*, Langfristige Beziehungen zwischen Luftverunreinigung und Großwettergeschehen. 82 S. mit 30 Abb. und 8 Tab., DM 34,60
3. *Peter Frankenberg*, Rezente Temperaturtrends in der Bundesrepublik Deutschland. 34 S. mit 17 Abb. und 1 Tab., DM 14,60

RESEARCH IN MOLECULAR BIOLOGY

1974

3. *Werner Hönig* und *Rudolf K. Zahn*, Desoxyribonucleinsäure-Isolierung. Die kontrollierte kontinuierliche und fraktionierende Fällung der Salze kationischer Detergentien mit Makropolyanionen als neue Methode. 78 S. mit 9 Abb., DM 20,80

4. *Hamao Umezawa*, Development Action of Bleomycin, Toku... Zytostatikum: Bleomycin. Kunstdrucktafeln mit 24 Abb., DM 41,60

1975

5. *Sidney Brenner*, Complex Genetic Programmes. 37 S., DM 10,60

6. *F. J. Bollum*, Terminal Deoxynucleotidyl Transferase: Source of Immunological Diversity? 47 S. mit 11 Abb., DM 13,80

1976

7. *Werner E. G. Müller* and *Rudolf K. Zahn*, The DNA-Modifying Antibiotic Bleomycin: Mode of Action on DNA and the Resulting Effects. 38 S. mit 10 Abb., DM 12,80

1978

8. *Werner E. G. Müller, Isabel Müller* and *Rudolf K. Zahn*, Aggregation in Sponges. Regulation of Programmed Synthesis by Cell Membrane Changes. 87 S. mit 43 Abb., DM 34,–

9. *Werner E. G. Müller* and *Rudolf K. Zahn*, Biochemistry of Antivirals. Mechanism of Action and Pharmacology. 87 S. mit 28 Abb., DM 29,40

1981

10. *Werner E. G. Müller and Johannes W. Rohen* (eds.), Biochemical and Morphological Aspects of Ageing. 229 S. mit 99 Abb., DM 82,–

1982

11. *Werner E. G. Müller* und *Rudolf K. Zahn*, Alternsabhängige Gen-Induktion. Untersuchungen am Beispiel der Auidin-Synthese im Wachtelovidukt. 60 S. mit 43 Abb., DM 24,20

FUNKTIONSANALYSE BIOLOGISCHER SYSTEME

1975

2. *Klaus Brodda*, Zur Theorie des Säure-Basen-Haushalts von menschlichem Blut. 105 S. mit 19 Abb. und 1 Falttab., DM 46,–

1976

3. *Reinhard Wodick*, Möglichkeiten und Grenzen der Bestimmung der Blutversorgung mit Hilfe der lokalen Wasserstoffclearance. 167 S. mit 27 Abb., DM 68,–

1978

4. *Johannes W. Rohen*, (Ed.), Functional Morphology of Receptor Cells. A Symposium held at the occasion of the International Congress of Anatomists, Tokyo, 1975. 180 S. mit 91 Abb., DM 62,–

1979

5. *Gerhard Thews*, Der Einfluß von Ventilation, Perfusion, Diffusion and Distribution auf den pulmonalen Gasaustausch. Analyse der Lungenfunktion unter physiologischen und pathologischen Bedingungen. 126 S. mit 40 Abb. und 24 Tab., DM 46.20

1980

6. *Werner Nachtigall* (Hrsg.), Instationäre Effekte an schwingenden Tierflügeln. Beiträge zu Struktur und Funktion biologischer Antriebsmechanismen. 129 S. mit 77 Abb., DM 46,70

7. *Hans-Michael Jennewein*, Funktionelle Untersuchungen an isolierten Magenmucosazellen im Vergleich zu in-vivo-Funktionen der Magenmucosa. 97 S. mit 35 Abb. und 6 Tabellen, DM 44,–

1982

8. *J. Grote und E. Witzleb (Hrsg.)*, Durchblutungsregulation und Organstoffwechsel. 1. Westerländer Gespräch. Erwin-Riesch-Symposium Westerland. 3. bis 5. September 1981. 196 S. mit 63 Abb., DM 68,–

9. *Michael Meyer*, Analyse des alveolär-kapillären Gasaustausches in der Lunge. Untersuchung der Diffusionskapazität der Lunge mit stabilen Isotopen. 165 S., mit 40 Abb. und 20 Tabellen, DM 74,–

1984

10. *Gerhard Thews*, Der Atemgastransport bei körperlicher Arbeit. Theoretische Analyse des Blutgas- und Säure-Basen-Status von Nichtsportlern und trainierten Sportlern. 87 S. mit 33 Abb. und 6 Tab., DM 44,–

ISSN 0002-2993